KB108615

엄마의 부엌

엄마의 부엌

엄마와 딸이 함께 차린 매일 밥상

엄마 임춘분 · 딸 이송희

버튼북스

프롤로그

엄마의 음식이 그리운 날에

어렸을 때부터 나는 엄마의 수쉐프였다.
주방에서 메인쉐프를 도와 음식을 만드는 직급을 수쉐프라고 하는데
우리 집 주방의 메인쉐프는 엄마고 내가 수쉐프 역할을 했다.

먹을 수 없는 풀처럼 보이는 재료도
엄마가 삶아서 이렇게 저렇게 양념하면 맛있는 반찬이 되었다.
살아서 집게발을 들고 마구 움직이던 게도
엄마가 갖은 양념을 넣고 끓이면 맛있는 찌개로 변했다.
그 속살을 파먹는 재미 또한 일품이었다.
재미있는 놀이처럼 차려지는 우리 집 밥상은
어린 시절부터 내게 소꿉놀이같이 즐거운 일이었다.

부모님이 안 계신 주말이면 엄마가 쥐어준 용돈으로
동생 손잡고 나가 비디오 테이프를 빌리고 도넛 믹스를 사왔다.
설탕까지 꼼꼼하게 묻힌 도넛을 접시에 담아
동생과 나누어먹으며 비디오를 보는 일 또한 어렵지 않은,
흔한 주말의 풍경이었다.

그래서인지 음식 만드는 일은 내게 너무 익숙했고
누군가를 위해 내가 준비하는 즐거운 선물 같다는 생각을 했다.
요리하는 즐거움과 그 요리를 맛있게 먹어주는 사람들에 대한
고마움을 알게 된 것이다.

대학을 졸업한 나는 테이블 하나짜리 코스 요리 레스토랑을 시작으로
이탈리안 레스토랑, 아메리칸 캐주얼 다이너를 오픈해 운영해왔다.
그렇게 십이 년간 쉼 없이 일하다가 어느 날 문득
올해에는 엄마의 레시피들을 정리해야겠다는 생각이 스쳤다.

엄마의 음식은 너무나 다양하면서도 모두 맛있는데
그냥 묵혀두기에는 아까웠다.
보통의 엄마들이 그렇듯 소금 조금, 간장 이만큼, 고춧가루 살짝 등
말로만 들어서는 내가 나중에 기억할 수 없을 것 같았다.
그래서 이번 책을 내며 엄마와 내가 가장
심혈을 기울인 작업은 바로 계량이다.

〈엄마의 부엌〉은 엄마의 음식을
오래 기억하고 싶은 나의 바람에서 시작된 책이다.
이 책을 손에 든 사람이라면 누구나
엄마의 음식을 그리워하고 있을 것이다.
독자들도 이 책을 간직하며 매일같이 그리운
엄마의 손.맛.을 기억하기를 바란다.

딸 이송희

차례

프롤로그 엄마의 음식이 그리운 날에 …6
에필로그 엄마의 맛을 우리 딸에게 …186

엄마의 식사 준비

• 엄마의 부엌 도구와 계량 …12
• 우리 집 다시 국물 …14
• 엄마의 나물 삶는 법 …16
• 어려울 것 없는 재료 썰기 …17

엄마의 이야기 1_ 그릇 욕심 …34
엄마의 이야기 2_ 나의 천국, 장독대 …50
엄마의 이야기 3_ 우리 집 별미 …78
엄마의 이야기 4_ 자연을 담은 마당 …100
엄마의 이야기 5_ 텃밭이 주는 행복 …138
엄마의 이야기 6_ 차와 찻잔 …170

매일 밥상

냄비 밥상
• 냄비밥 …21
• 된장찌개 …22
• 북어국 …23
• 계란말이 …24
• 부추겉절이 …25
• 감자채볶음 …25

잡곡 밥상
• 영양잡곡밥 …27
• 콩나물국 …27
• 차돌박이된장찌개 …28
• 오이장아찌 …28
• 두부구이와 양념장 …29

생일 밥상
• 팥밥 …31
• 미역국 …31
• 조기구이 …32
• 어묵볶음 …32
• 무생채 …33
• 배김치 …33

냉장고 속 밑반찬

- 고춧잎나물 …40
- 곰피나물 …40
- 파래나물 …40
- 우엉조림 …42
- 잔멸치볶음 …42
- 연근조림 …42
- 쥐포조림 …44
- 오징어채조림 …44
- 북어포무침 …44
- 소고기 장조림 …46
- 꽈리고추 멸치볶음 …46
- 마늘쫑볶음 …46
- 쌈장 …48
- 약고추장 …49

계절 음식

봄과 여름

- 냉잇국 …58
- 냉이나물 …58
- 쑥국 …59
- 민들레겉절이 …60
- 애호박볶음 …62
- 가지무침 …64

가을, 그리고 겨울

- 육개장 …68
- 묵은지 김치찜 …70
- 꽃게찌개 …72
- 매운 소고기무국 …74
- 동치미무비빔밥 …76

주말 별미

- 전복죽 …82
- 전복밥 …84
- 콩나물밥 …86
- 무밥 …88
- 호박죽 …90
- 부추국수 …92
- 비빔국수 …94
- 호박칼국수 …96
- 밥국 …98

좋은 날 나누는 음식

- 육전 …104
- 홍합전 …106
- 떡국 …108
- 갈비찜 …110
- 돼지고기 고추장불고기 …112
- 연허당 불고기 …114
- 해파리냉채 …116
- 연허당 잡채 …118
- 불고기전골 …120
- 찜닭 …122
- 황태구이 …124
- 가자미조림 …126
- 감자전 …128
- 부추전 …130
- 해물파전 …132
- 고등어조림 …134
- 갈치조림 …136

특별한 날 함께하는 음식

- 유부초밥 …142
- 주먹밥 …144
- 우엉김밥 …147
- 세 가지 속재료 김밥 …148
- 김치말이김밥 …149
- 식혜 …150
- 찹쌀 구운떡 …150
- 약밥 …152
- 수정과 …152
- 떡국떡볶이 …154
- 묵은김치전 …156
- 도토리묵 …158
- 따뜻한 묵채 …160
- 도토리묵무침 …162
- 갈비탕 …164
- 말린 대구찜 …166
- 단팥죽 …168

엄마 손맛 가득한 나물

설에 먹는 나물

- 무나물 …177
- 콩나물 …178
- 고사리 …178
- 시금치 …179
- 톳나물 …179

추석에 먹는 나물

- 미나리 …181
- 도라지 …181

보름에 먹는 나물

- 취나물 …183
- 시래기나물 …184
- 배추나물 …184
- 가지나물 …185

엄마의 부엌 도구와 계량

도구라고 해서 특별할 건 없습니다.
주방에 있는 기본 살림살이들이 다입니다.
국과 찌개를 끓이고 나물 삶을 냄비와 국자
전 부칠 프라이팬과 뒤집개
거품기, 집게, 체, 칼, 가위, 약간의 계량 도구들.

계량 도구도 번거롭다면
작은 컵에 200g 정도 들어간다 여기고
가늠해보기를 권합니다.
g으로 표기했다고 어려워 말고
한 숟가락을 15g 정도로 생각하면 됩니다.

竹담양특산품
ROSE

우리 집 다시 국물

분량 2인분

재료 물 3+1/2컵
멸치 1/3컵
다시마 1g

1 멸치는 내장을 제거하고 머리는 꼭 사용한다.

2 다시마는 깨끗한 행주로 한 번 닦아준다.

3 냄비에 물과 멸치, 다시마를 넣고 팔팔 끓여준다.

4 300g의 육수가 완성된다.

엄마의 나물 삶는 법

분량 4인분

재료 물 5컵
소금 1g

1 냄비에 물과 소금을 넣어 팔팔 끓여준다.

2 원하는 나물을 넣어 한소끔 끓어오를 때까지 삶아준다.

3 찬물에 재빨리 헹구어낸다.

4 물기 없이 꼭 짜준다.

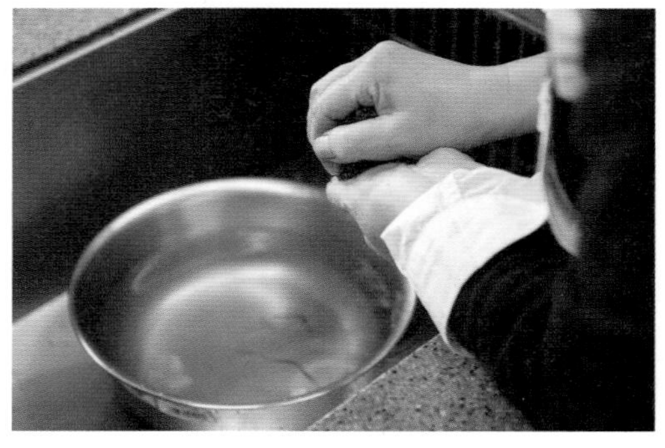

어려울 것 없는 재료 썰기

재료를 써는 방법은 다양한데 조금 어렵다고 생각되는 건 채썰기와 어슷썰기일 겁니다. 호박과 무 같은 재료를 손으로 잘 잡고 썰리는 부분의 가운데 손가락을 세웁니다. 밀어내듯 재료를 썰고 칼과 재료를 직각으로 두고 자르도록 합니다. 손으로 재료를 잘 고정시켜야 다치지 않고 자를 수 있습니다.

채썰기

나박썰기

어슷썰기

매일매일 먹어도 맛있는 한 상이 있습니다.

평범한 듯해도 음식의 조화가 좋아서 그런 건지
매일을 행복하게 먹을 수 있는 밥상입니다.
여기에 냉장고 속 밑반찬 한두 가지만 곁들이면
언제나 맛있는 매일 밥상이 완성됩니다.

매일 밥상

냄비 밥상

우리 아빠는 아무것도 들어가지 않은
새하얀 쌀밥을 좋아하십니다. 그것도 냄비밥을요.
밥을 다 먹고 나서 눌어붙은 누룽지에 물을 부어 숭늉까지 마셔주어야
한 끼의 마무리라고 생각하셔요.
다행인 건 엄마도 냄비밥을 어렵거나 귀찮게 여기지 않고
오히려 좋아하신다는 점입니다.

○

냄비밥

분량 2인분

재료 쌀 1+1/3컵
물 2컵

1 쌀은 2~3번 씻은 후 물을 빼고 5분 정도 불린다.

2 냄비에 씻은 쌀과 물을 넣어준다.

3 센불에 냄비를 올려 한소끔 끓어오르면 중불로 줄여준다.

4 중불에서 물기가 없어질 때까지 끓여준다.

5 물기가 없어지면 약불로 줄여 5분 정도 뜸들이듯 끓여주면 된다.

○

된장찌개

분량 4인분

재료 된장 1/4컵
고춧가루 5g
다진 마늘 2.5g
감자 1/2컵
호박 1/3컵
양파 1/4컵
풋고추 1/4컵
두부 1/2컵
대파 15g
육수 5컵

1 감자와 호박, 양파는 나박썰기로, 고추와 대파는 어슷썰기로, 두부는 한입 크기로 썰어둔다.

2 육수에 된장과 고춧가루를 넣고 풀어준다.

3 감자와 다진 마늘을 넣고 팔팔 끓여준다.

4 양파, 호박, 풋고추를 넣고 한 번 더 끓여준다.

5 두부, 대파를 마지막으로 넣고 가볍게 한 번 더 끓여 완성한다.

북어국

분량 2인분

재료 마른 북어 1컵
무 1컵
대파 1/4컵
계란 1개
소금 1g
들기름 15g
육수 3컵

1 마른 북어를 한입 크기로 찢어 2~3번 정도 헹군 후 물기를 꾹 짠다.

2 무는 나박썰기로, 대파는 어슷썰기로 썰어두고 계란은 잘 풀어둔다.

3 냄비에 들기름을 두르고 북어를 볶다가 육수와 무를 함께 넣고 팔팔 끓여준다.

4 소금을 넣어 간을 맞추고 풀어둔 계란을 넣어준다.

5 마지막에 대파를 넣어 완성한다.

○

계란말이

분량 4인분

재료 계란 4개
대파 1/2컵
당근 1/4컵
소금 0.5g
식용유 2.5g

1 대파와 당근은 잘게 다져주고 계란은 잘 풀어준다.

2 볼에 계란, 대파, 당근, 소금을 섞어 준비한다.

3 프라이팬에 식용유를 두르고 중불에 2를 올려준다.

4 계란이 절반 정도 익었을 때 계란을 김밥 말듯이 한 방향으로 말아준다.

5 약불로 줄여 속까지 익도록 뒤집어준다.

부추겉절이

분량 4인분

재료 부추 200g
양파 1개
고춧가루 1/4컵
다진 마늘 5g
멸치액젓 10g
설탕 2.5g
통깨 5g

1 부추는 4등분하고 양파는 채썰기로 썰어둔다.
2 볼에 부추와 양파를 담아준다.
3 나머지 양념들을 한 번에 넣고 가볍게 무쳐준다.

감자채 볶음

분량 4인분

재료 감자 2개
당근 1/3개
대파 5g
소금 1g
통깨 1g
식용유 10g

1 감자는 살짝 두껍게 채썰고 당근은 감자와 같은 두께로, 대파는 송송 썰어둔다.
2 프라이팬에 식용유를 두르고 감자와 당근을 함께 넣어 볶아준다.
3 감자가 다 익었을 때 소금으로 간한다.
4 접시에 담고 대파와 통깨를 얹어 마무리한다.

잡곡 밥상

○

영양 잡곡밥

분량 4인분

재료
쌀 1/3컵
찹쌀 1+1/3컵
대추 3알
밤 5알
잣 10알
은행 10알
양대콩 10g
소금 0.5g
물 2컵

1. 쌀과 찹쌀은 물에 2~3번 씻어서 준비한다.
2. 대추는 씨를 제거한 후 4등분하고 밤은 껍질을 제거해 준비한다.
3. 압력밥솥에 모든 재료를 넣어준다.
4. 센불에서 끓여주다가 압력솥에서 딸랑딸랑 소리가 나면 중불로 줄여준다.
5. 중불에서 3분 정도 더 끓여주다가 약불로 줄여 5분 정도 더 끓여준다.
6. 불을 끄고 10분 정도 뜸을 들이고 압력이 다 빠져나갔는지 확인한 후 뚜껑을 열면 완성된다.

○

콩나물국

분량 4인분

재료
콩나물 100g
다진 마늘 3g
대파 10g
소금 1g
물 4컵

1. 콩나물은 꼬리를 제거한 후 깨끗하게 씻어서 준비하고 대파는 어슷썰기로 썰어둔다.
2. 콩나물과 물 1컵만 넣고 한 번 끓여준다.
3. 나머지 물 3컵을 넣고 다진 마늘과 소금을 넣고 팔팔 끓여준다.
4. 마지막에 대파를 넣어 완성한다.

○

차돌박이 된장찌개

분량 4인분

재료 차돌박이 1/2컵
된장 1/4컵
고춧가루 5g
다진 마늘 15g
감자 1/2컵
호박 1/3컵
양파 1/4컵
대파 10g
풋고추 1/4컵
물 5컵

1 차돌박이는 한입 크기로 썰어둔다.
2 대파와 풋고추는 어슷썰기로, 감자, 호박, 양파는 나박썰기로 썰어둔다.
3 냄비에 차돌박이를 넣고 볶아준다.
4 3에 물과 된장, 고춧가루, 마늘, 감자, 호박, 양파, 풋고추를 넣고 팔팔 끓여준다.
5 대파를 넣고 한소끔 끓여 완성한다.

○

오이장아찌

분량 4인분

재료 절인 오이 2개
고춧가루 13g
다진 마늘 5g
잔파 2대
설탕 1g
통깨 2g
참기름 1g

1 절인 오이를 찬물에 2~3번 정도 씻어준다.
2 물기를 제거한 후 한입 크기로 잘라준다.
3 모든 재료를 한 번에 넣고 무쳐준다.

두부구이와 양념장

분량 4인분

재료 두부 1모
소금, 후추 약간
식용유 15g

*양념장
잔파 5g
고춧가루 2.5g
다진 마늘 2.5g
진간장 35g
양파 2.5g
풋고추 2.5g
통깨 2g
참기름 1g

1 두부는 1cm 두께로 잘라 소금, 후추로 밑간을 해둔다.

2 식용유를 두른 프라이팬에 밑간한 두부를 앞뒤로 노릇노릇하게 구워준다.

3 참기름을 제외한 모든 양념장 재료를 섞어준 후 마지막에 참기름을 넣어준다.

4 두부와 양념장을 함께 낸다.

생일 밥상

○

팥밥

분량 4인분

재료
쌀 1/3컵
찹쌀 1+1/3컵
팥 1/4컵
소금 0.5컵
물 2컵

1 쌀과 찹쌀은 물에 2~3번 씻어서 준비한다.
2 팥은 2/3 정도만 익도록 삶아 준비한다.
3 전기밥솥에 모든 재료를 넣고 취사 버튼을 누른다.

○

미역국

분량 4인분

재료
미역 25g
소고기 1/2컵
집간장 15g
참기름 10g
육수 7컵

1 미역은 찬물에 10분간 불려 5번 정도 씻어준 후 한입 크기로 썰어둔다.
2 소고기를 잘게 썰어서 준비한다.
3 냄비에 참기름과 소고기, 집간장 1g을 넣고 볶아준다.
4 미역을 넣고 한 번 더 볶아준다.
5 육수를 넣고 나머지 집간장을 넣어 팔팔 끓여준다.
6 약불로 줄여 10분 정도 푹 끓여준 후 마무리한다.

○

조기구이

재료 조기 1마리
식용유 7g

1. 조기는 키친타월로 겉면을 한 번 닦아준다.
2. 달군 프라이팬에 식용유를 두르고 조기를 올려 뚜껑을 닫고 2분 정도 익힌다.
3. 색이 노릇노릇해지면 반대쪽을 똑같은 방법으로 익혀준다.

○

어묵볶음

분량 4인분

재료 어묵 200g
빨간 고추 1개
파란 고추 1개
고춧가루 2.5g
마늘 3알
진간장 2.5g
설탕 2g
통깨 1g
식용유 2.5g

1. 어묵은 한입 크기로, 고추는 어슷썰기로, 마늘은 편썰기로 썰어둔다.
2. 프라이팬에 식용유를 두르고 어묵을 먼저 볶아준다.
3. 빨간 고추와 파란 고추, 마늘을 넣고 한 번 더 볶아준다.
4. 진간장과 고춧가루, 설탕을 넣고 볶아준다.
5. 접시에 담아 통깨를 뿌려준다.

무생채

분량 4인분

재료 무 1/2개
고춧가루 25g
다진 마늘 5g
잔파 3대
설탕 5g
소금 5g
통깨 5g
매실액 5g
참기름 5g

1 무는 깨끗이 씻어 채썰고 잔파는 한입 크기로 썰어둔다.

2 모든 재료를 넣고 조물조물 무쳐준다.

배김치

분량 4인분

재료 배 1개
고운 고춧가루 2.5g
미나리 10g
잔파 10g
마늘즙 1g
소금 1.5g
물 4컵

1 배는 나박썰기로, 미나리와 잔파는 한입 크기로 썰어둔다.

2 고운 고춧가루와 마늘즙, 소금을 물에 넣고 섞어준다.

3 2에 배와 잔파, 미나리를 넣고 섞어 마무리한다.

엄마의 이야기 1

그릇 욕 심

살 림 하 는 주부들은 그릇 욕심이 많다고들 하죠. 저 역시도 예쁜 그릇을 보면 얼마나 갖고 싶던지요. 처음 그릇을 구입할 때는 우선 모양을 봤어요. 앞접시는 네모 모양, 과일접시는 직사각 모양, 다식용은 둥근 모양, 이렇게 생각해서 구입하기 시작했답니다. 그런데 사용을 하다 보니, 그릇의 재질이나 색깔도 모양 못지않게 중요하다는 걸 알게 되었지요. 그래서 지금은 모양보다는 그날그날 음식 종류에 따라 날씨에 따라 기분에 따라 다르게 쓰고 있습니다.

한때 유명한 도자기 작가의 그릇에 반해버렸어요. 가격도 꽤 비쌌는데, 한번 보고 나니 하도 눈에 아른거려서 사려고 하니 부담스럽고 참으려 하니 병이 날 것 같더라고요. 큰마음을 먹고 '그래, 아파서 병원에 갔다 생각하고 사는 거야' 결심하고 사러가니 글쎄, 내가 봐둔 그 그릇을 누가 다 사가지고 갔다는 겁니다. 다행이다 싶다가도 그때 샀어야 하는 걸, 하는 후회가 밀려오더라고요. 그러고도 한참을 더 기다리다 구입하게 되었는데 어 찌 나 소 중 하 던 지 요 .

누구나 이런 기억 하나쯤 있을 거라 생각합니다.
내게는 잊을 수 없는 소중한 그릇. 지금도 아. 껴. 가. 며. 쓰고 있습니다.

그 분 의 그 릇 .

경주 엄마 집에 가면 제일 먼저 열어보는 것이
엄마의 반찬 냉장고입니다.

같은 재료로 작년과는 다른 음식을 하시고요.
새로 만든 레시피를 보여주며 자랑하기도 하십니다.
엄마는 만들기 힘들고 귀찮지만 만들고 나면 너무 든든하답니다.
언제든 꺼내어 먹을 수 있는 우리 집 밥상의 지원군입니다.

냉장고 속 밑반찬

이 세 가지는 우리 집 냉장고 단골 밑반찬입니다.
곰피는 생소하실 텐데요. 파래와 같은 해조류 중 하나입니다.
제가 김치 다음으로 좋아하는 반찬이에요.
지금도 경주 집 내려가는 날이면 엄마는 꼭
곰피를 반찬으로 내주시고 또 한 통 가득 싸주신답니다.
어렸을 땐 고춧잎을 먹는다는 게 생소했어요.
하지만 엄마의 솜씨로 재탄생한 고춧잎나물은 반드시 맛봐야 할 메뉴예요.

○

고춧잎나물

분량 4인분

재료 고춧잎 110g
집간장 1g 진간장 2g
참기름 2.5g 통깨 2.5g

1 고춧잎은 소금을 넣지 않고 삶아준다.

2 삶은 고춧잎에 모든 재료를 넣고 조물조물 무쳐준다.

○

곰피나물

분량 4인분

재료 곰피 100g 양파 1/2개
풋고추 2개 고춧가루 5g
다진 마늘 5g 멸치액젓 7g
대파 1/2대 통깨 2.5g

1 곰피는 차가운 물에 3번 정도 헹군 후 꼭 짜서 물기를 제거한다.

2 양파는 채썰고 대파는 어슷썰기로, 풋고추는 송송 썰어둔다.

3 1의 곰피에 모든 재료를 넣고 버무려서 완성한다.

○

파래나물

분량 4인분

재료 파래 200g 무 1/4컵
잔파 10g 진간장 13g
고춧가루 5g 다진 마늘 5g
식초 1g 설탕 5g
통깨 2.5g 참기름 3g

1 파래는 차가운 물에 5번 정도 헹군 후 꼭 짜서 물기를 제거한다.

2 무는 채썰고 잔파는 송송 썰어둔다.

3 1의 파래에 모든 재료를 넣고 버무려서 완성한다.

○

우엉조림

분량 4인분

재료 우엉 200g
대추 3알
진간장 1/4컵
조청 1/4컵
통깨 2.5g
물 1컵

1 우엉은 살짝 데쳐 찬물에 한 번 헹구어 물기를 제거한다.
2 대추는 씨를 제거하고 채썰기로 썰어둔다.
3 물에 진간장, 조청, 통깨를 넣어 섞어준 후 한소끔 끓여준다.
4 3이 끓으면 우엉과 대추를 넣어 졸여준다.
5 마지막에 통깨를 뿌려 완성한다.

○

잔멸치볶음

분량 4인분

재료 잔멸치 2컵
대추 5알
조청 15g
청주 10g
설탕 15g
소금 2.5g
통깨 2.5g
식용유 20g

1 잔멸치는 체에 쳐서 한 번 걸러낸다.
2 대추는 씨를 제거하고 채썰기로 썰어둔다.
3 프라이팬에 식용유를 두르고 멸치를 가볍게 볶아준다.
4 통깨를 제외한 나머지 재료들을 한 번에 넣어 볶아준다.
5 마지막에 통깨를 뿌려 완성한다.

○

연근조림

분량 4인분

재료 연근 200g
진간장 1/4컵
조청 1/4컵
통깨 2.5g
물 1컵

1 연근은 살짝 데쳐 찬물에 한 번 헹구어 물기를 제거한다.
2 물에 진간장, 조청, 통깨를 넣어 섞어준 후 한소끔 끓여준다.
3 2가 끓으면 연근을 넣어 졸여준다.
4 마지막에 통깨를 뿌려 완성한다.

○

쥐포조림

분량 4인분

재료 쥐포 5장 진간장 5g
다진 마늘 1g 조청 10g
마요네즈 2.5g 설탕 5g
통깨 2.5g 참기름 2g

1 쥐포는 직화로 구워 한입 크기로 잘라준다.

2 쥐포와 참기름을 제외한 모든 재료를 섞어 양념을 만들어준다.

3 1의 쥐포에 2의 양념을 넣어 버무려준다.

4 마지막에 참기름을 넣고 한 번 더 버무려 마무리한다.

○

오징어채조림

분량 4인분

재료 오징어채 2컵 고추장 15g
진간장 1/4컵 조청 15g
설탕 5g 통깨 2.5g
참기름 5g 물 1/2컵

1 냄비에 고추장, 진간장, 물, 조청, 설탕을 한 번에 넣어 섞어준 후 팔팔 끓여준다.

2 1이 끓으면 오징어채를 넣고 잘 섞어준다.

3 마지막에 통깨와 참기름을 넣어 마무리한다.

○

북어포무침

분량 4인분

재료 북어 200g 도라지 60g
고추장 1/4컵 진간장 5g
고춧가루 2.5g 다진 마늘 5g
설탕 6g 통깨 2.5g
참기름 1g

1 북어를 한입 크기로 찢어 2~3번 정도 헹군 후 꼭 짜서 물기를 제거한다.

2 도라지는 소금을 넣어 조물조물 무쳐준 후 헹구어내야 쓴맛을 제거할 수 있다.

3 북어와 도라지를 제외한 재료를 한 번에 섞어 양념장을 만들어준다.

4 양념장에 북어와 도라지를 넣고 섞어서 마무리한다.

○
소고기 장조림

분량 4인분

재료 장조림용 소고기 120g
무 1/8개 꽈리고추 10개
마늘 5알 대파 1/2대
진간장 1/3컵 설탕 30g
통깨 2.5g 참기름 2.5g
물 2컵

1 장조림용 소고기에 물, 대파, 무를 넣고 소고기가 익을 때까지 삶아준다.
2 소고기 삶은 물을 1컵 남겨둔다.
3 익은 소고기는 먹기 좋은 크기로 찢어준다.
4 냄비에 2의 소고기 삶은 물과 3의 소고기, 진간장과 설탕을 넣어 끓여준다.
5 4에 꽈리고추와 통마늘을 넣고 가볍게 한 번 더 끓여준다.
6 물이 자작해질 때쯤 불을 끄고 참기름과 통깨를 넣어 마무리한다.

○
꽈리고추 멸치볶음

분량 4인분

재료 꽈리고추 2컵 중간 크기 멸치 1컵
진간장 1/4컵 고춧가루 1/4컵
마늘 3알 조청 10g
청주 2.5g 설탕 10g
소금 1g 통깨 2.5g
식용유 15g

1 이쑤시개로 꽈리고추에 구멍을 3개 정도씩 내준다.
2 마늘은 편썰기로 썰어둔다.
3 프라이팬에 식용유를 두르고 꽈리고추를 볶다가 멸치를 넣고 한 번 더 볶아준다.
4 통깨를 제외한 양념을 한 번에 넣어 볶아준다.
5 마지막에 통깨를 뿌려 마무리한다.

○
마늘쫑볶음

분량 4인분

재료 마늘쫑 2컵
진간장 1/4컵 고춧가루 1/4컵
청주 2.5g 설탕 10g
통깨 2.5g 식용유 15g

1 프라이팬에 식용유를 두르고 마늘쫑을 볶아준다.
2 통깨를 제외한 재료를 한 번에 넣고 볶아준다.
3 마지막에 통깨를 뿌려 마무리한다.

○

쌈장

분량 4인분

재료 된장 1/4컵
고추장 1/8컵
풋고추 2개
청양고추 1개
양파 1/3개
다진 마늘 5g
양파즙 2.5g
조청 2.5g
설탕 2.5g
통깨 2.5g
참기름 3g

1 풋고추, 청양고추, 양파는 잘게 다진다.

2 모든 재료를 잘 섞어준다.

○

약고추장

분량 4인분

재료 고추장 1/2컵
소고기 1/4컵
고춧가루 5g
다진 마늘 5g
조청 15g
통깨 2g
참기름 5g

1 프라이팬에 참기름을 두르고 소고기를 볶다가 고추장을 넣어 함께 볶아준다.

2 초정과 고춧가루, 다진 마늘을 넣고 한 번 더 가볍게 볶아준다.

3 마지막에 통깨를 뿌려 마무리한다.

나의 천국, 장독대

난 된장, 고추장 욕심이 많아 항상 장을 많이 담았지요. 6~7년 전에 주위 사람들하고 나눠 먹어야지 하는 생각으로 마당 한쪽에 장독대를 만들기 시작했어요. 오래전부터 마음에 품었던 약속을 지켜야겠다고 생각했기 때문이었을 거예요. 고추장이 맛있다는 사람들에게는 고추장을 퍼 담아 주었지요. 자꾸자꾸 퍼주다 보니 우린 뭘 먹나, 하는 걱정이 생기곤 했지만. 그래도 고추장 맛있다는 사람이 있으면 어쩔 수가 없더라고요.

된장이 정말 맛나게 잘 익으면, 풋고추 한 가지 송송 썰어넣어 끓인 된장찌개만 있어도 한 끼 식사가 해결될 정도잖아요. 이 된장은 나눠 먹지 않음 안 되는 거죠. 예전에 아파트 살 때 맛나는 된장, 집에서 담근 된장을 어찌나 소망했던지, 그래서 그 심정을 안답니다.

지금 저는 우리 집 장독대에 빠 져 있 습 니 다 .
요즘은 단지 뚜껑 때문에 이 생각 저 생각을 좀 하고 있지요. 된장이 익 어 가 는 냄 새 를 느 껴 보 세 요 . 매실이 익어가는 냄새, 포도주가 익어가는 냄새, 오미자가 익어가는 냄새. 장독대 주변에 오면 다가오는 달콤한 냄새들. 어떠한 향수도 이 냄새를 흉내낼 수도 따라올 수도 없답니다.

장 독 대 는

나 의 천 국 입 니 다 .

조그만 항아리, 예쁜 병을 골라다 놓고
장독대에 있던 직접 담근 장이며 매실액,
손수 만든 약식과 색 입힌 연근을 담지요.
거기에 어울리는 종이로 곱게 포장을 합니다.
마당에서 따온 풀잎이나 고운 들꽃 하나 꽂아주고
우리 집 '연허당' 표시도 조그맣게 하나 붙어줍니다.
머물다 가시는 손님 배웅할 적에
손에 들린 그 선물들 보고 있으면

절 로 웃 음 이 지 어 집 니 다 .

그 철에만 나는 재료가 있다면
꼭 해먹어야 하는 음식이 있습니다.

어릴 때와 비교하면 양이 많이 줄어든 것 같지만
그 시기에만 먹을 수 있기에 더 특별한 맛이 납니다.
엄마는 제철 음식을 먹어야 그때 필요한 기운을 채울 수 있다고 하십니다.
겨울을 이기고 나온 냉이가 원기를 회복시켜준다며 꼭 챙겨주시죠.

계절 음식

봄과 여름

계절이 바뀔 때마다 늘 생각나는 음식이 있죠.
봄을 알리는 향긋한 쑥과 냉이, 민들레
뜨거운 볕에 주렁주렁 잘도 열리는 애호박, 가지, 오이
우리 집 테이블도 이때만큼은 싱그러운 초록빛을 더해봅니다.

이 책을 준비하면서는 향긋한 봄쑥과 봄냉이를 구할 수 없었죠.
계절의 기운을 듬뿍 머금은 재료로 만들어야 맛이 나는 법인데
여건이 허락되지 않아 아쉬운 마음에 레시피만으로 대신합니다.

○
냉잇국

분량 4인분

재료 냉이 2컵
된장 15g
다진 마늘 2.5g
들깻가루 10g
육수 5컵

1 냉이 뿌리는 작은 칼로 껍질을 조심스럽게 벗겨 반으로 잘라준다.

2 육수에 된장을 풀고 다진 마늘을 넣어 끓여준다.

3 2에 1의 냉이와 들깻가루 같이 넣고 한 번 더 끓여서 마무리한다.

○
냉이나물

분량 4인분

재료 냉이 2컵
된장 5g
고추장 5g
고춧가루 3g
들기름 5g
통깨 2.5g

1 냉이 뿌리는 작은 칼로 껍질을 조심스럽게 벗겨준 후 반으로 잘라 삶아준다.

2 잘 손질한 냉이에 나머지 양념들을 넣고 조물조물 무쳐준다.

○

쑥국

분량 4인분

재료 쑥 3컵
된장 15g
들깻가루 15g
육수 5컵

1 쑥은 깨끗하게 손질하고 씻어 물기를 제거한다.

2 육수에 된장을 풀어 팔팔 끓여준다.

3 2에 쑥과 들깻가루를 넣고 한 번 더 끓여서 마무리한다.

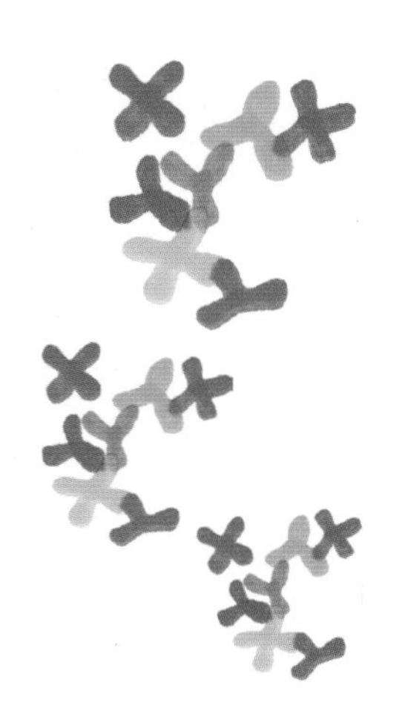

○

민들레겉절이

1 민들레는 깨끗하게 손질하고 씻어 물기를 제거하고 잔파는 깨끗하게 손질하고 씻어 한입 크기로 썰어준다.

2 볼에 모든 재료들을 한 번에 넣고 가볍게 버무려준다.

분량 4인분

재료 민들레 2컵
잔파 1/2컵
고춧가루 20g
매실액 2.5g
다진 마늘 5g
설탕 5g
소금 2g
참기름 2.5g
통깨 1g
식초 1g

여름 애호박은 하도 싱싱해서 자르면 물이 올라옵니다.
금방 딴 호박을 볶아먹으면
싱싱함 가득, 얼마나 맛있는지 몰라요.
가지도 해마다 주렁주렁 열립니다.
엄마의 정성으로 기른 여름 채소는 보고만 있어도 행복해집니다.

○ 애호박볶음

1 애호박은 씨를 빼고 채썰어준다.

2 프라이팬에 애호박을 넣고 중불에서 볶다가 들기름과 다진 마늘, 소금을 넣어 볶아준다.

3 마지막에 통깨를 뿌려 마무리한다.

분량 4인분

재료 애호박 1개
다진 마늘 5g
소금 2.5g
통깨 2.5g
들기름 5g

○

가지무침

1 가지는 4등분해 찜기에 쪄낸 후 식으면 한입 크기로 찢어준다.

2 잔파는 송송 썰어둔다.

3 가지에 모든 재료를 넣고 조물조물 무쳐준다.

분량 4인분

재료 가지 4개
국간장 2g
진간장 1.5g
잔파 2.5g
다진 마늘 5g
통깨 2.5g
참기름 3g

가을 그리고 겨울

찬바람이 불기 시작하면 기운이 나는 음식을 합니다.
실한 대파부터 숙주, 고사리, 토란대가 가을처럼 풍성히 들어간 육개장,
제철 맞은 꽃게가 올라오기 시작하면 싱싱한 놈으로 넣고
된장을 풀어 구수한 꽃게찌개를 빼놓지 않고 만들어봅니다.
아이들과 크리스마스 분위기 내는 데도 테이블만한 곳이 없습니다.
찌개 올리고 반찬 꺼내 함께 먹을 때도 초를 올려 분위기를 내봅니다.
날은 춥지만 기분만은 훈훈하고 온 가족이 웃음꽃을 피웁니다.

○

육개장

분량 4인분

재료
소고기 240g
대파 2대
숙주 100g
고사리 50g
토란대 25g
집간장 15g
된장 1g
고춧가루 1/2컵
다진마늘 1/3컵
소금 6g
후추 2.5g
참기름 25g
물 7컵

1. 대파는 한입 크기로 썰어 데치고 숙주는 데치고 고사리는 삶아 한입 크기로 썰어두고 토란대는 한입 크기로 잘라준다.
2. 소고기는 고기가 익을 때까지 물에 푹 삶아준다.
3. 소고기 삶은 육수는 분리해주고 소고기는 한입 크기로 찢어준다.
4. 고춧가루 10g, 참기름 2g, 소금 2g, 다진 마늘 5g을 섞어 다대기를 만들어준다.
5. 준비해둔 소고기와 대파, 숙주, 고사리, 토란대를 골고루 섞어준다.
6. 5에 나머지 재료를 모두 넣고 버무려준다.
7. 3의 소고기 육수에 6을 넣고 팔팔 끓여준다.
8. 마지막으로 7에 4의 다대기를 넣고 한 번 더 팔팔 끓여 완성한다.

○

묵은지 김치찜

분량 4인분

재료
묵은지 2포기
돼지 목살 300g
양파 1개
대파 1대
풋고추 2개
청양고추 1개
고춧가루 1/4컵
다진 마늘 10g
설탕 10g
물 7컵

*목살 양념
진간장 1.5g
다진 마늘 5g
생강즙 3g
설탕 10g
후추 2g

1. 돼지 목살은 5등분해 썰고 양념 재료는 한 번에 섞어 썰어둔 목살을 10분 정도 재워둔다.
2. 양파는 채썰고 대파, 풋고추, 청양고추는 어슷썰기로 썰어둔다.
3. 냄비에 1을 가장 밑에 깔고 묵은지 2포기를 얹어준다.
4. 물과 나머지 재료를 넣고 센불에 푹 끓여준다.
5. 고기가 다 익고 나면 중불로 줄여 10분 정도 졸여준 뒤 마무리한다.

꽃게찌개를 끓이는 날은 아침부터 주방이 시끄러웠습니다.
동생과 제가 자고 있는 사이 새벽시장을 다녀오시는 부모님.
제가 일어날 때면 꽃게와 한바탕 전쟁을 치르십니다.
싱싱한 꽃게를 먹어야 한다지만 어린 제 눈엔
두 분이 데이트를 즐기시는 듯 보였습니다.

○

꽃게찌개

분량 4인분

재료 꽃게 3마리
대파 1대
부추 1/5단
된장 1/4컵
고춧가루 15g
다진 마늘 10g
소금 2.5g
육수 6컵

1 꽃게는 솔을 이용해 껍질을 깨끗하게 씻은 후 등껍질을 벗겨내고 반으로 갈라 모래집을 제거해준다.

2 대파는 어슷썰기로 썰어두고 부추는 4등분해준다.

3 냄비에 육수를 넣고 된장을 풀어준다.

4 손질된 꽃게를 넣고 소금, 고춧가루, 다진 마늘을 넣어 끓여준다.

5 대파와 부추를 넣고 한소끔 끓여 완성한다.

○ 매운 소고기무국

분량 4인분

재료 소고기 300g
무 1/3개
콩나물 100g
대파 2대
국간장 15g
고춧가루 1/4컵
다진 마늘 13g
소금 6g
참기름 10g
물 7컵

1 소고기는 한입 크기로, 무는 나박썰기로, 대파는 어슷썰기로 썰어두고 콩나물은 머리를 따고 깨끗하게 씻어서 준비한다.

2 냄비에 참기름을 두르고 소고기와 국간장 5g을 넣어 볶아준다.

3 콩나물과 무를 넣고 다진 마늘, 고춧가루, 국간장 10g, 물을 넣어 끓여준다.

4 마지막에 소금으로 간을 맞추고 대파를 넣어 마무리한다.

○ 동치미무비빔밥

분량 4인분

재료 찹쌀 1+1/2컵
쌀 1/2컵
동치미무 2개
물 2컵

*양념장
진간장 1/2컵
고춧가루 5g
다진 마늘 5g
부추 2g
통깨 2.5g
참기름 2.5g

1 찹쌀과 쌀은 2~3번 씻어서 준비한다.

2 동치미무는 채썰기로, 부추는 송송 썰어둔다.

3 전기 밥솥에 찹쌀과 쌀, 물을 넣고 밥을 안친다.

4 양념장 재료를 한 번에 섞어 준비한다.

5 완성된 밥에 채썬 동치미를 올리고 양념장과 함께 낸다.

우리 집 별미

봄에는 쑥을 캐서 쑥 . 떡 . 을 합니다.

고구마 나는 계절에는 고구마,
감자 나는 계절에는 감자,
비오는 날이면 땡초 넣고 깻잎 썰어 넣어
정구지(부추의 방언) 넣고 부침개도 합니다.
겨울이면 김치 부침개도 하지요.

호박은 건강한 다이어트 재료로 붓기도 빼게 해주고
배뇨작용을 도와주기도 하죠.
늙은 호박을 껍질채 잘라서 씨만 빼놓고
식혜 만들듯이 질금물을 삭혀서 밥알이 뜨면
그 물에다 호박을 깔아서 같이 끓이다가 졸여 먹으면
신기하게 살이 빠진답니다.

더운 여름엔 미숫가루라고들 하지요.
검정콩, 보리, 참깨, 현미찹쌀, 이 재료들을 갈아
찬물 붓고 얼음 넣어 먹습니다.
점심 드시고 늦게 가시는 손님에게 드리는 이른 저녁인 셈입니다.
먹고 가신 분들이 다음날 아침이면 연락하십니다.
저녁 먹지 않아도 든든하다고 말입니다.
이런 소리 들으면 하루가 또 행복합니다.

또 한 가지. 밥 먹고 과일 먹고 차 마시고 있는 시간이
길어지면 저는 국수를 만듭니다.
소면을 삶고 몇 년된 김장 김치를 썰어서 양념 넣고 무쳐둡니다.
계란지단 부치고 간장 양념 만들어서 김가루 넣고
멸치 국물에 말아서 한 그릇 내어놓습니다.
먹는 사람 바라보면 내 마음이 큰 부자 같습니다.

때로는 격식 갖추지 않는 게
편할 때가 많답니다.

주위에 있는 재료를 가지고 쉽게 만들자고 생각하니
너무 간단해지더군요.
먹는 사람도 즐거워하고요.
그저 편하다고들 말씀하세요.
이야기 나누다가 좀 지루하다 싶으면,
좀 출출한 것 같지만 거하게 먹기 부담스러울 때는
이런 음식을 만들어 먹으면 마음도 금세 훈훈해지죠.

하루 종일 식구들이 모여 있는 주말이면
특별한 요리가 먹고 싶어집니다.

매일 먹는 밥과 반찬 말고 특별식이 그리운 거죠.
그런 날에는 면을 좋아하시는 아빠의 의견에 따라 다양한 면요리를 먹습니다.
금방 배가 꺼져 다른 간식들까지 함께 챙겨먹는 주말 별미,
한가한 주말에 엄마는 바빠지지만 함께 둘러앉아 먹는 맛에 행복해하십니다.

주말 별미

저희 집은 그 흔한 비타민이나 건강보조제를 잘 먹지 않습니다.
유일한 건강보조제는 바로 전복.
좋은 전복이 들어오는 날이면 오래 알고 지내는 해녀에게서 전화가 옵니다.
부모님은 당장에 전복을 공수해오셔서 손질을 시작하십니다.
감기에 걸리면 전복 달인 물을 마시고
어지러울 땐 전복을 두 배로 넣은 전복죽을 먹습니다.
든든한 우리 집 영양제입니다.

○

전복죽

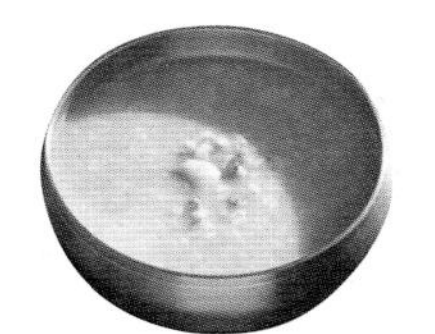

분량 2인분

재료 전복 4마리
찹쌀 2컵
참기름 15g
소금 5g
물 6+1/2컵

1 솔로 전복 살을 한 번 씻어준 후 껍질을 제거하고 입을 잘라낸다. 내장은 잘 떼어내 따로 두고 전복 살은 한입 크기로 썰어둔다.

2 찹쌀은 2~3번 씻어 물에 불려둔다.

3 물에 전복 내장을 삶아준 후 내장은 망에 걸러내버리고 내장 삶은 물은 따로 준비해둔다.

4 냄비에 참기름 5g을 두르고 손질된 전복을 볶아서 따로 준비해둔다.

5 같은 냄비에 참기름 10g을 두르고 불려둔 찹쌀을 볶은 후 전복내장육수를 넣어 한번 끓여준다.

6 볶아둔 전복을 넣어 끓이다가 소금으로 간하여 마무리한다.

○

전복밥

분량 2인분

재료

재료	*양념장
전복 4마리	진간장 1/2컵
찹쌀 1+1/2컵	고춧가루 5g
쌀 1/2컵	다진마늘 5g
청주 5g	부추 2g
소금 0.5g	통깨 2.5g
물 2컵	참기름 2.5g

1 솔로 전복 살을 한 번 씻어준 후 껍질을 제거하고 입을 잘라낸다. 내장은 잘 떼어내 따로 두고 전복 살은 한입 크기로 썰어둔다.

2 찹쌀과 쌀은 2~3번 씻어서 준비한다.

3 부추는 송송 썰어둔다.

4 물에 전복 내장을 삶아준 후 내장은 망에 걸러내버리고 내장 삶은 물은 따로 준비해둔다.

5 전복 내장 육수에 찹쌀과 쌀, 손질한 전복과 청주를 넣어 한 번 섞어준 후 밥을 안친다.

6 양념장 재료를 한 번에 섞어준 후 완성된 밥과 함께 낸다.

○

콩나물밥

1 쌀은 2~3번 씻어서 준비한다.

2 콩나물은 꼬리를 따고 씻어서 준비하고
김은 앞뒤로 살짝 구워 비닐에 넣고 부셔준다.

3 양념장 재료는 한 번에 섞어 준비한다.

4 압력솥에 쌀을 넣고 콩나물을 올린 다음 물을
넣어 안친다.

5 센불에 올려 끓이다가 딸랑딸랑 소리가 나면
중불에서 6분 정도 더 끓여주다가 불을 끈다.

6 10분 정도 뜸을 들이고 압력이 다 빠져나갔는지
확인한 후 뚜껑을 열면 완성이다.

7 완성된 콩나물밥은 그릇에 담아 김가루를 뿌려
양념장과 함께 낸다.

분량 4인분

재료 쌀 2컵
콩나물 150g
물 3/4컵
김 1/2장

*양념장
진간장 1/2컵
다진 마늘 5g
다진 양파 2g
다진 파 5g
고춧가루 5g
풋고추 1개
참기름 2.5g
통깨 2.5g

○

무밥

분량 4인분

재료 쌀 2컵
무 150g
육수 3/4컵

*양념장
진간장 1/2컵
다진 마늘 5g
부추 2g
다진 파 5g
고춧가루 5g
참기름 2.5g
통깨 2.5g

1 쌀은 2~3번 씻어서 준비한다.
2 무는 채썰고 부추는 송송 썰어둔다.
3 양념장 재료는 한 번에 섞어 준비한다.
4 압력솥에 쌀을 넣고 채썬 무를 넣은 다음 육수를 넣어 안친다.
5 센불에 올려 끓이다가 딸랑딸랑 소리가 나면 중불에서 6분 정도 더 끓여주다가 불을 끈다.
6 10분 정도 뜸을 들이고 압력이 다 빠져나갔는지 확인한 후 뚜껑을 열면 완성이다.
7 그릇에 담아 양념장과 함께 낸다.

○

호박죽

1 늙은 호박은 씨를 제거하고 껍질을 벗겨 4등분한다.

2 팥은 삶아 완전히 익혀 준비하고, 찹쌀은 2~3번 씻어준 후 물에 2시간 정도 불려둔다.

3 물에 늙은 호박을 넣고 푹 삶고 건져내 주걱으로 으깨준다.

4 으깬 호박에 물 7컵을 넣고 한소끔 끓여준다.

5 불린 찹쌀과 팥을 넣고 자주 저으며 익혀준다.

6 마지막으로 소금으로 간해준다.

분량 4인분

재료 늙은 호박 1/4개
팥 1/2컵
찹쌀 1컵
소금 5g
물 7컵

○

부추국수

분량 2인분

재료

국수 150g
부추 80g
육수 4컵
묵은지 1/2컵
계란 1개
소금, 후추 약간

*묵은지 양념
설탕 1g
참기름 2g
다진 마늘 2.5g

*양념장
진간장 1/2컵
다진 마늘 5g
다진 파 5g
통깨 2.5g
참기름 2.5g
청양고추 1개
고춧가루 5g

1 묵은지는 쫑쫑 썰어서, 청양고추는 다져서 준비한다.
2 계란은 소금, 후추를 살짝 넣고 풀어서 지단으로 부친다.
3 끓는 물에 국수와 부추를 넣고 한소끔 끓이다가 물이 끓어오르면 찬물을 넣어 끓여주는 것을 3번 반복한다.
4 3을 차가운 물에 2~3번 헹궈준 후 얼음물에 헹구어 물기를 빼고 2덩어리로 준비한다.
5 묵은지에 양념을 넣어 조물조물 무쳐주고 양념장은 한 번에 섞어서 준비한다.
6 육수는 따뜻하게 끓여준다.
7 2개의 그릇에 국수를 나누어 담아 육수를 넣고 양념된 묵은지와 계란 지단을 올려 양념장과 함께 낸다.

○

비빔국수

분량 2인분

재료 국수 150g
오이 1/2개
쑥갓 3대

*양념장

사과 1/2개
고추장 1/4컵
다진 마늘 10g
다진 파 5g
매실액 5g
설탕 10g
통깨 2.5g
참기름 3g

1 오이는 채썰어 준비하고 사과는 갈아서 즙을 낸다.

2 끓는 물에 국수를 넣고 한소끔 끓이다가 물이 끓어오르면 찬물을 넣어 끓여주는 것을 3번 반복한다.

3 국수를 차가운 물에 2~3번 헹궈준 후 얼음물에 헹구어 물기를 빼고 볼에 담아준다.

4 양념장 재료를 한 번에 넣고 섞어준다.

5 볼에 삶아낸 국수와 양념장, 오이, 쑥갓을 한 번에 넣고 무쳐낸다.

6 그릇에 양념된 국수를 담아 낸다.

○ 호박칼국수

분량 2인분

재료 칼국수 150g
애호박 1/2개
감자 1/2개
대파 1/2대
소금 5g
육수 6컵

*양념장
진간장 1/2컵
고춧가루 10g
통깨 2.5g
참기름 3g
잔파 10g
다진 마늘 5g

1 애호박과 감자는 채썰고 대파는 어슷썰기로, 잔파는 송송 썰어둔다.
2 육수에 감자를 넣고 끓이다가 감자가 반쯤 익으면 칼국수와 호박을 함께 넣고 끓여준다.
3 소금으로 간하고 대파를 넣어 한 번 더 끓여준다.
4 양념장 재료를 한 번에 넣고 섞어준다.
5 그릇에 나누어 담고 양념장과 함께 낸다.

우리 집 주말 단골 메뉴.
사위가 가장 좋아하는, 늘 그리워하는 엄마표 밥국은
반드시 집에 내려가서 먹어야 그 맛이 나요.
똑같은 라면과 엄마표 김치로 끓이는데도 말이죠.
술 마신 다음날 해장에도 그만입니다.

○

밥국

분량 2인분

재료 묵은지 1/4포기
밥 1공기
라면 1개
대파 1/2대
육수 6컵

1 묵은지는 쫑쫑 썰어서 준비하고 대파는 어슷썰기로 썰어둔다.

2 육수에 묵은지와 밥을 같이 넣어 한소끔 끓여준다.

3 라면과 스프를 함께 넣고 가볍게 한 번 더 끓여준다.

4 대파를 넣어 마무리한다.

엄마의 이야기 4

자연을 담 은 　　마당

우리 집 마당에는 내가 아는 꽃도 있지만 내가 모르는 꽃들도 여기저기 있답니다. 내 생각에는 새가 물고 가다가 놓친 것이 아닌가 싶기도 하고, 어쩌면 꽃씨가 바람을 타고 오지 않았나 싶기도 해요.

우리집 마당에는 소나무가 많답니다. 소나무는 경상도 남자 같다고 생각합니다. 소나무는 5~6월까지 송화가루가 노랗게 떨어지는데, 난 소나무를 무척이나 좋아합니다. 가끔씩 허리가 굽어지는 나무, 난 그 나무를 고맙게 생각합니다.

나에게 산소를 주는 나무, 항상 자신을 봐달라고 하는 표정. 처음 조경할 때는 두 번을 실패했는데, 세 번째는 제가 하루 온종일을 직접 해냈답니다. 해놓고 나서 보니 뭔가 마당이 허전해보였는데, 그 이유가 꽃이 없기 때문이었던 것 같아요.

지금은 우리 집 마당에 철쭉도 피어 있고, 돌 사이에 붙은 돌담쟁이 제비꽃, 민들레, 할미꽃, 산에서 피는 꽃, 들에서 피는 꽃, 우리나라 야생화들이 모여 있어 한결 아름다워졌습니다. 왠만하면 풀도 잘 뜯지 않습니다. 서로 잘 살아갈 수 있게 도와주려 합니다.

참, 아침이면 우리 집 마당에 손님이 찾아옵니다. 아침밥 하기도 전에 와서 인사를 합니다. 여러 가지 새소리로 마당에는 난리가 납니다. 뒤뜰에도 인사를 합니다. 응. 왔니? 잘 잤니? 이야기를 나눕니다.

저희 집에 오신 손님들은 마당이 산을 옮겨놓은 것 같다고 말씀하십니다. 그분들이 돌아가신 후 정말 그런지 다시 한 번 마당을 돌아다보곤 하죠.

자 연 을　담 은　마 당 이　있 어

저 는　오 늘 도　행 복 합 니 다 .

저희 집에는 손님상이나 생일상에 꼭 올라가야 하는 메뉴가 있습니다.

생일에는 잡채와 불고기를 절대 빼놓지 않고,
사위와 딸이 경주에 내려가는 날이면 해파리냉채와 찜닭을 꼭 차려주십니다.
이렇게 다양한 음식이 뚝딱 차려지는 엄마의 부엌.
덕분에 저희는 언제나 즐겁게 엄마의 솜씨를 즐깁니다.

좋은 날 나누는 음식

○

육전

분량 4인분

재료 안심 300g
계란 3개
밀가루 1/4컵
소금, 후추 약간
식용유 1/3컵

1 안심은 육전용으로 준비하여 소금, 후추로 밑간한다.

2 계란은 잘 풀어서 소금, 후추를 살짝 넣어 준비한다.

3 밑간한 안심에 밀가루를 앞뒤로 얇게 묻혀둔다.

4 3의 안심을 2의 계란에 앞뒤로 적셔준다.

5 프라이팬에 식용유를 두르고 4의 안심을 노릇하게 구워 완성한다.

○ 홍합전

분량 4인분

재료 홍합 25알
계란 3개
밀가루 1/4컵
소금 2.5g
후추 1g
참기름 15g
식용유 1/3컵

1 홍합은 전용으로 준비해 소금, 후추로 밑간한다.
2 계란은 소금, 후추를 살짝 넣고 잘 풀어준다.
3 밑간한 홍합에 참기름을 넣어 조물조물 무쳐준다.
4 3의 홍합에 밀가루를 앞뒤로 묻힌 후 2의 계란물을 입혀준다.
5 프라이팬에 식용유를 두르고 4의 홍합을 노릇하게 구워 완성한다.

○

떡국

분량 2인분

재료

떡국떡 150g	소금 4g
다진 소고기 1/4컵	후추 약간
계란 2개	통깨 3g
김 1/2장	참기름 5g
국간장 5g	육수 4컵

1 계란은 흰자와 노른자를 분리하여 잘 풀어준 후 소금, 후추로 간하고 지단으로 얇게 부쳐준다.

2 프라이팬에 참기름을 1g 두르고 다진 소고기를 넣어 소금, 후추로 밑간하여 볶아준다.

3 김은 앞뒤로 살짝 구워 비닐에 넣고 부셔준다.

4 냄비에 육수를 넣고 끓기 시작하면 떡국떡을 넣고 팔팔 끓여준다.

5 소금과 국간장을 넣어 간을 맞춘다.

6 그릇에 담고 볶은 소고기와 흰자, 노른자로 나눈 계란 지단을 얹어준다.

7 참기름, 후추, 통깨, 마지막으로 김을 올려 마무리한다.

○

갈비찜

분량 4인분

재료
갈비 1kg
밤 10알
대추 5알
당근 50g
무 50g
은행 10알

*갈비찜 양념
진간장 2컵
다진 마늘 1컵
대파 1대
배 1/2개
무 1/5개
양파 1/2개
소주 1/2컵
설탕 1+1/2컵
후추 5g
참기름 1/2컵
물 4컵

1 대파, 배, 무, 양파는 갈아서 즙을 낸다.

2 1과 모든 양념 재료를 한 번에 섞어 준비한다.

3 냄비에 갈비를 넣고 준비된 양념을 넣어 갈비가 절반 정도 익을 때까지 푹 끓여준다.

4 밤, 대추, 당근, 무, 은행을 넣어 갈비를 완전히 익혀준다.

5 국물이 자작해질 정도로 한 번 더 졸여준다.

돼지고기 고추장불고기

분량 4인분

재료 돼지고기 600g
양파 2개
대파 1대

*고추장 양념
고추장 1컵
고춧가루 1/3컵
진간장 25g
다진 마늘 1/4컵
생강즙 15g
설탕 1/4컵
후추 2.5g
참기름 10g

1 양파는 어슷썰기, 대파는 채썰기로 썰어둔다.

2 고추장 양념 재료를 한 번에 섞어 준비한다.

3 돼지고기는 한입 크기로 자르고 2의 양념장을 넣어 골고루 버무려준다.

4 마지막에 양파와 대파를 넣어 양념된 고기와 한 번 더 섞어준다.

5 프라이팬에 앞뒤로 노릇하게 구워낸다.

흔한 야채 하나 들어가지 않지만
어떤 불고기보다 맛있는 우리 집 불고기.
들어가는 재료도, 만드는 과정도 간단해요.
국물 없이 지글지글 구워 먹는 이 불고기 맛은
누가 먹어도 인정할 수밖에 없습니다.

○ 연허당 불고기

분량 4인분

재료 불고기용 소고기 600g

*불고기 양념
진간장 1/2컵
다진 마늘 1컵
설탕 3/4컵
후추 5g
참기름 1/2컵

1 불고기 양념 재료를 한 번에 넣어 섞어준다.

2 고기에 1의 양념을 넣어 10분간 재워둔다.

3 프라이팬에 구워낸다.

○

해파리냉채

분량 4인분

재료 해파리 200g
계란 2개
오이 1/2개
당근 1/2개
파프리카 1/2개

*겨자 양념
겨자 10g
다진 마늘 30g
식초 1/2컵
설탕 30g
소금 4g

1 해파리는 5번 이상 헹군 후 데쳐서 차가운 물에 헹구어 물기를 제거해준다.

2 계란은 흰자와 노른자를 분리하여 잘 풀어준 후 소금, 후추로 간하고 지단으로 얇게 부쳐준다.

3 오이, 당근, 파프리카는 채썰기로 썰어둔다.

4 겨자 양념 재료를 한 번에 섞어 준비한다.

5 준비한 해파리와 계란 지단, 오이, 당근, 파프리카를 4의 양념과 잘 버무려 푸짐하게 낸다.

매일 똑같은 잡채만 먹기 심심했던 어느날,
엄마와 저는 파를 넣으면 어떨까 생각했습니다.
야채 볶을 때 한 번 같이 볶아주는 거죠.
맛도 더 좋고 씹히는 재미도 있어요.
이제 우리 집 잡채에는 파가 빠지지 않고 들어간답니다.

○

연허당 잡채

분량 4인분

재료
- 당면 120g
- 소고기 100g
- 계란 2개
- 당근 1/2개
- 양파 1개
- 대파 2대
- 진간장 17g
- 설탕 10g
- 후추 1g
- 통깨 2.5g
- 참기름 5g

1 당면은 끓는 물에 삶아 찬물에 한 번 헹궈낸다.

2 소고기는 잡채용으로 준비하여 소금, 후추, 참기름을 넣고 밑간하여 볶아낸다.

3 계란은 흰자와 노른자를 분리하여 잘 풀어준 후 소금, 후추로 간하고 지단으로 얇게 부쳐준다.

4 당근과 양파는 각각 채썰어 소금 간을 한 후 기름을 두르지 않고 중불에 가볍게 볶아준다.

5 대파는 5cm 길이로 잘라둔다.

6 프라이팬에 참기름을 두르고 당면과 진간장 2g을 넣고 한 번 볶아준다.

7 준비된 계란 지단, 당근, 양파, 대파를 넣고 한 번 볶아준다.

8 진간장, 설탕, 후추를 넣고 한 번 더 볶아서 완성한다.

9 접시에 담고 통깨를 뿌려 마무리한다.

○ 불고기전골

분량 4인분

재료

재료	*전골용 육수	*불고기 양념
불고기용 소고기 300g	육수 4컵	진간장 10g
당면 50g	진간장 10g	배 1/2개
새송이버섯 5개	통마늘 5알	양파 1/2개
쑥갓 3대	무 20g	대파 1/2개
대파 1대	양파 1/4개	다진 마늘 10g
속배추 4장	대파 1/2대	설탕 20g
	소주 5g	후추 2g
	설탕 5g	참기름 5g

1 속배추는 한입 크기로, 대파는 어슷썰기로 썰어둔다.

2 불고기 양념에 들어갈 양파와 대파는 갈아서 즙을 내준다.

3 불고기 양념 재료를 한 번에 섞어 고기를 양념에 재워둔다.

4 전골용 육수의 모든 재료를 팔팔 끓여준 후 망에 걸러서 준비한다.

5 전골용 냄비에 당면과 속배추, 대파, 새송이버섯, 쑥갓을 넣고
양념된 불고기를 맨마지막에 올려준다.

6 육수를 부어 센불에서 끓인다.

우리 가족은 닭고기를 좋아하지 않아 어려서는 닭 요리를 먹은 적이 별로 없습니다.
그런데 사위를 새 식구로 맞고 엄마는 고민에 빠졌어요.
사위가 닭고기를 너무 좋아하는 거죠.
경주에 닭 깨끗하게 키우는 집을 찾아 닭을 준비하시고
정성으로 껍질과 불순물들을 정리하십니다.
사위 오는 날은 아무렇지 않게 찜닭을 점심상에 올려주시고
간식으로는 마늘에 절여둔 닭고기를 튀겨주십니다.

○

찜닭

분량 4인분

재료
중닭 1마리
감자 2개
당근 1개
청양고추 1개
소주 1/4컵

*찜닭 양념
진간장 1컵
다진 마늘 1/4컵
양파즙 1/2컵
생강즙 5g
설탕 1/2컵
후추 2.5g
참기름 7g
물 2+1/2컵

1 닭은 한입 크기로 썰어서 기름기를 제거해 2~3번 헹궈낸 후 마지막으로 물에 소주를 넣고 헹궈준다.

2 감자와 당근은 한입 크기로, 청양고추는 어슷썰기로 썰어둔다.

3 찜닭 양념 재료를 한 번에 섞어 준비한다.

4 냄비에 준비된 닭을 넣고 감자와 당근, 청양고추를 올린 후 3의 양념을 부어 센불에서 푹 익혀준다.

5 중불로 줄여 10분 정도 더 익혀 완성한다.

○

황태구이

분량 4인분

재료 마른 황태 1마리

*양념장
고추장 30g
고춧가루 7g
다진 마늘 7g
다진 생강 2g
물엿 6g
매실액 5g
설탕 10g
참기름 5g
식용유 10g

1 황태를 4등분해 찬물에 1분 정도 불린 후 물기 없이 꼭 짜서 준비한다.

2 양념장 재료는 한 번에 섞어 준비한다.

3 달군 프라이팬에 식용유를 두르고 1의 황태를 앞뒤로 노릇하게 구워준다.

4 그 위에 양념장을 바르고 앞뒤로 구워준다.

○

가자미조림

분량 4인분

재료 가자미 2마리
대파 1/4대

*양념장
고추장 1/4컵
고춧가루 2.5g
진간장 1/4컵
다진 마늘 20g
조청 5g
미림 2.5g
설탕 1/4컵
물 3/4컵

1 손질된 가자미를 먹기 좋게 썰어둔다.
2 양념장 재료를 한 번에 섞어 준비한다.
3 냄비에 2의 양념장을 담아 센불에서 한 번 끓여준다.
4 3에 가자미를 넣어 중불에서 서서히 졸여준다.
5 고명으로 대파를 채썰어 올려준다.

○

감자전

분량 2인분

재료
감자 2개
양파 1/2개
계란노른자 1개
밀가루 15g
감자 전분 10g
소금 1g
식용유 30g

*양념장
진간장 15g
잔파 3g
식초 0.5g
통깨 1g

1 감자와 양파는 강판에 갈아주고 잔파는 송송 썰어둔다.

2 양념장 재료를 한 번에 섞어 준비한다.

3 강판에 갈은 감자와 양파에 밀가루, 감자 전분, 계란노른자, 소금을 넣고 잘 섞어준다.

4 프라이팬에 식용유를 두르고 3의 반죽을 한 스푼씩 떠서 올려준다.

5 앞뒤로 노릇하게 구워 양념장과 함께 낸다.

○ 부추전

분량 2인분

재료
부추 1+1/2컵
밀가루 1/4컵
튀김가루 1/4컵
계란노른자 1개
소금 1g
물 1컵
식용유 30g

*양념장
진간장 15g
식초 0.5g
잔파 3g
통깨 1g

1 잔파는 송송 썰어둔다.
2 양념장 재료를 한 번에 섞어 준비한다.
3 부추와 밀가루, 튀김가루, 소금, 계란노른자, 물을 넣고 잘 섞어준다.
4 프라이팬에 식용유를 두르고 3의 부추전 반죽을 얹어준다.
5 앞뒤로 노릇하게 구워 양념장과 함께 낸다.

○ 해물파전

분량 2인분

재료

잔파 100g
다진 소고기 5g
다진 오징어 10g
다진 홍합 10g
찹쌀가루 1/3컵
부침가루 1/3컵
계란 1개

소금 2.5g
참기름 10g
물 1컵
식용유 30g

*양념장
진간장 15g
잔파 3g
식초 0.5g
통깨 1g

1 파전에 들어갈 잔파는 깨끗하게 씻어서 준비하고 다진 소고기, 오징어, 홍합은 소금과 참기름을 넣어 밑간한다. 계란은 풀어서 준비해둔다.

2 양념장에 들어갈 잔파는 송송 썰고 양념장 재료를 한 번에 섞어 준비한다.

3 찹쌀가루와 부침가루, 소금, 물을 넣어 반죽을 만들어준다.

4 프라이팬에 식용유를 두르고 센불에 잔파를 올린 다음 반죽을 얇게 한 번 둘러준다.

5 그 위에 양념한 소고기와 오징어, 홍합을 올리고 반죽을 얇게 한 번 더 둘러준다.

6 중불로 줄여 앞뒤로 서서히 익힌다.

7 마지막에 풀어둔 계란을 올린 후 뒤집어 계란을 익혀 마무리한다.

8 접시에 담아 양념장과 함께 낸다.

○ 고등어조림

분량 4인분

재료
고등어 1마리
무 130g
진간장 20g
풋고추 2개
청양고추 1대
대파 1대
육수 1컵

*고등어조림 양념
진간장 1/4컵
된장 5g
고춧가루 1/4컵
다진 마늘 15g
소주 2.5g
소금 2.5g
물 1컵

1 고등어는 깨끗하게 손질하여 적당한 크기로 잘라서 준비한다.

2 무는 나박썰기로 조금 크게, 풋고추, 청양고추, 대파는 어슷썰기로 썰어둔다.

3 양념 재료를 한 번에 섞어 준비한다.

4 냄비에 무를 깔고 육수와 진간장을 넣어 센불에서 한 번 졸여준다.

5 그 위에 고등어를 얹고 만들어둔 양념과 풋고추, 청양고추, 대파를 올린 후 중불에서 서서히 졸여준다.

○ 갈치조림

분량 4인분

재료
갈치 2마리
감자 1+1/2개
양파 1/2개
대파 1/2대

*갈치조림 양념
진간장 1/4컵
고추장 10g
고춧가루 15g
다진 마늘 15g
풋고추 2개
청양고추 1/2개
소주 5g
설탕 5g
소금 2.5g
물 1+1/2컵

1 갈치는 깨끗하게 손질하여 적당한 크기로 잘라 준비한다.

2 양파는 굵게 채썰고 감자는 납작하게, 풋고추와 청양고추는 어슷썰기로 썰어둔다.

3 양념 재료를 한 번에 섞어 준비한다.

4 냄비에 채썬 양파를 깔아주고 그 위에 감자와 대파를 올린 후 마지막으로 갈치를 올려준다.

5 갈치 위에 준비된 양념을 뿌려주고 중불에서 서서히 졸여준다.

텃밭이 주는 행.복.

우리 집 텃밭은 여기저기 빈틈없이 여러 가지 묘종으로 혹은 씨앗으로 일궈놓았답니다.
우리 식구들 좋아하는 음식 해먹이려고요.
오이. 오이는 주로 여름에 냉국으로 해서 먹습니다. 오이를 채썰어서 그릇에 담고
물을 붓고 집간장, 깨소금, 마늘 정도만 넣어 시원하게 해서 먹어요.
가지. 가지는 나물을 해서 먹지요. 가지를 쪄서 손으로 찢어
마늘, 집간장, 깨소금, 참기름을 넣고 손으로 조물조물 무치면 됩니다.
고추. 고추는 잎까지 땁니다. 살짝 뜨거운 물에 넣어서 금방 찬물로 옮겨 씻어주고
젓갈, 마늘, 깨소금을 넣어주고 나서 진간장, 잔파, 참기름으로 간을 합니다.
다른 집도 그런 것처럼 우리 집 방법으로 음식을 합니다. 집에 늘 있는 양념을 사용하죠.
특히 고추는 참 요긴합니다. 고추 색깔이 붉어지면 따서 냉동실에 보관해 두고
여러 가지 음식에 두루두루 쓰곤 한답니다.

부추, 깻잎, 옥수수, 토마토, 배추…….
우리가 먹는 채소는 거의 다 텃밭에서 해결을 하고
우리 딸 집에도 넉넉하게 보내줍니다.
토마토는 아침에 한 개 따서 먹고 생각이 날 때마다 따서 먹습니다.
그럴 때마다 많이 행복하죠.
토마토 잎도 따주고 기둥도 세워주고 자주자주 돌봐줘야 합니다.
텃밭이 있다는 것은 내가 직접 심고 믿고 먹을 수 있어서
그것이 즐거운 일이 아닌가 싶어요.
참, 올해는 참외도 새로 심어 봤습니다.

된장이 먹고 싶을 때 텃밭으로 얼른 뛰어갑니다.
고추를 따려고요.

어린 시절부터 부모님은 저희를 데리고
산이며 바다며 많은 곳을 다니셨습니다.

그러다 보니 김밥 한 줄 말고 전 부치는 건 쉽게 해내는 일이었습니다.
식혜는 떨어지지 않게 살얼음 얼려 보관해두기도 했고요.
사실 어딜 가든 음식을 먹는 순간은 금방이지만 설레는 맘으로 정성스레 준비했죠.
또 그때 부모님과 나눈 이야기와 함께한 시간들이 지금의 저를 만든 것 같습니다.

특별한 날
함께하는 음식

○ 유부초밥

분량 2인분

재료 유부 10개
쌀 3컵
다진 소고기 1/3컵
당근 15g
피망 15g
소금 1g
물 2+1/2컵

*유부 양념
다시마 간장 1/2컵
진간장 10g
설탕 30g
식초 5g
미림 10g
청주 5g

*초밥 양념
식초 5g
설탕 15g
소금 2g

1 다진 소고기는 참기름을 두르고 소금, 후추로 밑간하여 볶아내고 당근과 피망은 각각 다진 후 소금을 살짝 넣고 기름기 없는 프라이팬에 볶아낸다.

2 쌀에 물, 소금을 넣어 밥을 짓는다.

3 냄비에 유부 양념장을 모두 넣고 팔팔 끓이다가 유부를 넣고 졸여준다.

4 졸인 유부를 식혀 사선으로 잘라 준비한다.

5 밥이 완성되면 초밥 양념을 뿌려 준비한다.

6 5의 밥에 다진 소고기, 당근, 피망을 넣어 잘 섞어준다.

7 4의 유부에 6의 밥을 넣고 모양을 잡아서 유부초밥을 완성해준다.

○

주먹밥

분량 2인분

재료 쌀 2컵
소금 1g
참기름 10g
소금 2g
통깨 20g
검정깨 20g
잔멸치볶음 1/2컵
묵은지 1/4컵
물 1+3/4컵

1 묵은지는 양념을 씻어 물기를 제거한 후 다져 참기름, 설탕, 다진 마늘을 넣고 조물조물 무쳐준다.

2 쌀에 물과 소금 1g을 넣어 밥을 짓고 참기름, 통깨, 소금 2g을 넣어 양념해준다.

3 양념된 밥을 2등분하고 한곳에 잔멸치 볶음을 넣어 가볍게 섞어준다.

4 3을 통깨에 굴린 후 5등분으로 나누어 주먹밥 모양을 잡아준다.

5 나머지 양념된 밥은 5등분으로 나누어 가운데에 1의 묵은지를 넣고 모양을 잡아준다.

6 5의 주먹밥을 검은깨에 굴려서 모양을 잡아준다.

어 릴 때 소 풍 가 는 날 이 면
여러 가지 재료가 들어가지 않은 엄마 김밥이 싫었어요.
그래서 늘 친구들 김밥을 먹었는데
친구들은 오히려 우리 엄마 김밥이 맛있다며 먹었습니다.
이제는 사 먹는 어떤 김밥보다 좋아하는 엄마의 김밥.
미나리가 좋은 철이면 특히 세 가지 속재료 김밥이 생각납니다.

○ 우엉김밥

분량 2인분

재료
쌀 2컵
물 1+3/4컵
소금 1g
계란 4개
우엉조림 1/2컵
김밥용 김 2장
김밥용 단무지 2개

*밥 양념
참기름 15g
통깨 2.5g
소금 5g

*김밥 겉면 양념
참기름 5g
통깨 2.5g

1 단무지는 한 번 씻어 설탕, 식초에 살짝 절여둔다.
2 계란은 풀어서 소금을 살짝 넣고 두껍게 지단을 부쳐 준비한다.
3 쌀에 물, 소금을 넣어 밥을 짓고 참기름, 통깨, 소금을 넣어 양념해준다.
4 김밥용 김에 양념된 밥을 얹고 골고루 펴준다.
5 우엉을 두껍게 깔고 계란 지단과 단무지를 넣어 돌돌 말아준다.
6 김밥을 썰기 전에 김밥 겉면에 양념을 발라 썰어준다.

○

세 가지 속재료 김밥

분량 2인분

재료 쌀 2컵
물 1+3/4컵
소금 1g
계란 4개
미나리 50g
김밥용 김 2장
김밥용 단무지 2줄

*초 양념
식초 2g
설탕 10g
소금 1g

*김밥 겉면 양념
참기름 5g
통깨 2.5g

1 계란은 풀어서 소금을 살짝 넣고 두껍게 지단을 부쳐 준비한다.

2 미나리는 데쳐서 찬물에 헹궈낸 후 참기름, 소금, 통깨를 넣어 조물조물 무쳐준다.

3 단무지는 한 번 씻어 설탕, 식초에 살짝 절여둔다.

4 쌀에 물, 소금을 넣어 밥을 짓고 초 양념을 넣어 양념해준다.

5 김밥용 김에 밥을 깔고 계란, 미나리, 단무지를 넣어 돌돌 말아준다.

6 김밥을 썰기 전에 김밥 겉면에 양념을 발라 썰어준다.

○

김치말이김밥

분량 2인분

재료				
재료	쌀 2컵	*밥 양념	*묵은지 양념	*김밥 겉면 양념
	물 1+3/4컵	묵은지 2장	다진 마늘 1g	참기름 5g
	소금 1g	참기름 15g	다진 파 2.5g	통깨 2.5g
	계란 4개	소금 2g	설탕 2.5g	
	묵은지 2장	통깨 2.5g	참기름 2.5g	
	김밥용 김 2장			

1 계란은 풀어서 소금을 살짝 넣고 두껍게 지단을 부쳐 준비한다.

2 쌀에 물, 소금을 넣어 밥을 짓고 참기름, 통깨, 소금을 넣어 양념해준다.

3 묵은지에 묵은지 양념을 넣어 무쳐준다.

4 김밥용 김에 양념된 밥을 올리고 3의 묵은지와 1의 계란을 넣어 돌돌 말아준다.

5 김밥을 썰기 전에 김밥 겉면에 양념을 발라 썰어준다.

식혜

분량 2L 3병

재료 쌀 1+1/2컵
물 1컵
설탕 1/3컵
엿기름 240g
설탕 2+1/2컵
소금 1g
물 6L

1 쌀과 물 1컵을 넣어 꼬들꼬들한 밥을 짓는다.
2 자루에 엿기름을 넣고 물 6L에 담가 손으로 조물조물 주물러 엿기름의 단맛이 전부 빠져나오도록 해준다.
3 전기밥솥에 완성된 밥과 2의 단물, 설탕 1/3컵을 넣어 섞은 후 전기밥솥을 닫고 보온을 눌러서 3시간 후에 밥솥을 열어본다.
4 밥솥을 열었을 때 밥알이 20알 정도 동동 떠 있으면 전기밥솥에 뚜껑을 연 상태에서 취사버튼을 누른다. 밥알이 떠 있지 않으면 30분 정도 더 기다린다.
5 취사 버튼을 누르고 10분 후에 설탕 2+1/2컵과 소금을 넣어 다시 10분정도 기다린다.
6 전기밥솥에서 뜨거운 상태의 식혜를 꺼내 식혀준다.
7 식혜가 다 식으면 냉장고에 넣어 보관한다.

찹쌀 구운 떡

분량 2인분

재료 찹쌀가루 2컵
뜨거운 물 1/3컵
참기름 1/3컵
조청 1/4컵

1 찹쌀가루에 뜨거운 물을 넣어 익반죽한다.
2 프라이팬에 참기름을 두르고 반죽을 한입 크기로 잘라서 노릇노릇하게 구워준다.
3 노릇하게 구워진 떡을 조청과 함께 낸다.

○

약밥

분량 2인분

재료 찹쌀 2컵
팥 1/3컵
깐밤 10개
대추 7개
은행 7알
말린 무화과 5알
황설탕 1/3컵
계핏가루 2.5g
꿀 1/4컵
진간장 5g
소금 1g
참기름 15g
물 1+1/3컵

1 찹쌀은 물에 2~3번 씻어서, 팥은 삶아 완전히 익혀서, 말린 무화과는 2등분하여 준비한다.

2 참기름 10g과 나머지 모든 재료를 잘 섞어 전기 밥솥에 넣고 취사 버튼을 누른다.

3 사각 틀을 준비해 틀 바닥에 참기름을 5g 발라준 후 취사가 끝난 밥을 넣어 모양을 잡아준다.

4 식혀서 알맞은 크기로 썰어 접시에 담아 완성한다.

○

수정과

분량 2L 2병

재료 통계피 30g
생강 15g
물 4L
흑설탕 1컵
잣, 대추 약간

1 계피는 깨끗하게 씻어서 준비하고 생강은 껍질을 벗겨 3등분하고 대추는 씨를 빼낸 후 동그랗게 말아서 썰어준다.

2 냄비에 물과 통계피, 생강을 넣어 물이 1/3 정도 줄어들 때까지 팔팔 끓여준다.

3 2에 흑설탕을 넣어 잘 섞은 후 다시 1/3 정도 줄어들 때까지 끓여준다.

4 수정과가 다 식으면 냉장고에 보관한다.

5 낼 때는 잣 3알과 썰어둔 대추 2개를 띄워준다.

여자라면 누구나 떡볶이를 사랑하죠.
제가 경주에 내려가는 날이면 엄마가 꼭 준비하시는 떡볶이.
양념이 완전히 밴 떡을 좋아하는 제 입맛에 맞게
늘 떡국떡으로 떡볶이를 만들어주시는 엄마.
엄마의 선택은 언제나 현명하십니다. 딱 제가 원하는 맛이 나요.

○ 떡국떡볶이

분량 4인분

재료 떡국떡 2컵
어묵 400g
고추장 1+1/2컵
진간장 30g
다진 마늘 1/4컵
양파 1개
대파 2대
조청 1/3컵
설탕 1/2컵
육수 5컵

1 떡국떡은 찬물에 헹구고 어묵은 한입 크기로 잘라서 준비한다.

2 대파는 어슷썰기로, 양파는 채썰기로 썰어둔다.

3 육수에 고추장, 설탕, 조청, 다진 마늘, 진간장을 넣고 잘 섞어서 한 번 끓여준다.

4 떡국떡을 먼저 넣고 한 번 더 끓여준다.

5 어묵과 대파, 양파를 넣고 한 번 더 끓이며 맛있게 졸여준다.

○

묵은김치전

분량 2인분

재료 묵은지 1/2포기
튀김가루 1/3컵
부침가루 1/3컵
계란노른자 1개
양파 1/2개
청양고추 1개
물 1컵
식용유 30g

1 묵은지는 한입 크기로, 양파는 채썰기로, 청양고추는 송송 썰어둔다.

2 식용유를 제외한 모든 재료를 한데 넣어 잘 섞어준다.

3 프라이팬에 식용유를 두르고 센불에서 앞뒤로 노릇하게 구워낸다.

○

도토리묵

분량 4인분

재료 도토리가루 1컵
물 7컵

*양념장
진간장 1/2컵
고춧가루 5g
다진 마늘 10g
다진 파 5g
통깨 2.5g
참기름 5g

1 양념장 재료를 한 번에 섞어 준비한다.

2 도토리가루와 물을 잘 섞어준다.

3 냄비에 1을 부어 센불에서 끓이며 눌지 않게 계속 저어준다.

4 숟가락으로 떨어뜨렸을 때 걸쭉할 정도로 농도가 나오면
사각 틀에 붓고 냉장고에 넣어 굳혀준다.

5 묵이 완성되면 한입 크기로 썰어 양념장과 함께 낸다.

○ 따뜻한 묵채

분량 2인분

재료
도토리묵 1/2개
육수 4컵
묵은지 1/4컵
계란 2개
다진 마늘 5g
설탕 5g
소금 2.5g
김 1/2장
참기름 5g

*양념장
진간장 30g
고춧가루 5g
잔파 3대
참기름 5g
깨 5g
다진 마늘 5g

1 묵은지를 꼭 짜서 다진 마늘, 설탕, 참기름을 넣어 조물조물 양념해준다.

2 계란은 흰자와 노른자를 분리하여 잘 풀어준 후 소금, 후추로 간하고 지단으로 얇게 부쳐준다.

3 김은 살짝 구어 잘게 부숴주고, 양념장 재료는 한 번에 섞어 준비한다.

4 도토리묵을 채썰어 준비하고 육수에 소금을 넣어 팔팔 끓여낸다.

5 그릇에 도토리묵을 담고 뜨거운 육수를 부은 후 계란 지단과 김가루, 마지막으로 참기름을 뿌려 마무리하고 양념장과 함께 낸다.

○ 도토리묵무침

분량　2인분

재료　도토리묵 1/2개
잔파 3대
상추 4장
깻잎 4장
오이 1/2개

*양념장
진간장 15g
고춧가루 5g
다진 마늘 5g
설탕 5g
참기름 5g
통깨 5g

1　도토리묵과 잔파, 상추, 깻잎, 오이는 한입 크기로 썰어둔다.
2　양념장 재료는 한 번에 섞어 준비한다.
3　볼에 도토리묵과 1의 야채, 2의 양념장을 넣어 골고루 버무려낸다.

○

갈비탕

분량 4인분

재료

소갈비 2kg	통마늘 10개
물 2.5L	소면 50g
대추 5알	국간장 15g
대파 2대	대파 1/4대
무 1/5개	

1 소갈비는 뜨거운 물에 살짝 삶아준 후 찬물에 30분 정도 담궈 불순물을 제거해준다.

2 무는 3등분하고 대파 2대는 굵게, 1/4대는 송송 썰어두고, 소면은 미리 삶아 준비해둔다.

3 소면과 국간장, 대파 1/4대를 제외한 모든 재료를 넣어 30분 정도 끓여준다. 이때 떠오르는 거품들을 제거해준다.

4 국간장을 넣어 간하고 5분 정도 더 끓이다가 대추와 대파, 무, 통마늘을 건져낸다.

5 갈비탕 그릇에 삶아둔 소면을 넣고 갈비와 국물을 얹어준다.

6 송송 썰어둔 대파를 올려 낸다.

○ 말린 대구찜

분량 4인분

재료 말린 대구 1마리

*대구 양념
참기름 15g
소금 1g
후추 1g
잔파 1/4컵

1 말린 대구는 중자로 준비해 뼈를 기준으로 반으로 잘라 준비한다.
2 찜기에 보자기를 깔고 말린 대구 껍질이 바닥에 가도록 양쪽으로 올려준다.
3 대구찜 양념 재료는 한 번에 섞어 발라준다.
4 3의 대구찜이 절반 정도 익으면 양념을 덧발라 한 번 더 쪄낸다.
5 완성된 말린 대구찜을 접시에 담아낸다.

○

단팥죽

분량 4인분

재료 팥 1+1/2컵
찹쌀가루 1컵
설탕 1/2컵
소금 1g
물 5컵

*새알
쑥가루 1컵
들깨가루 1/2컵
뜨거운 물 1/3컵

1 팥은 죽이 될 때까지 푹 삶아준다.
2 새알 재료를 모두 섞어 익반죽해 작은 동그라미 모양으로 빚어준다.
3 푹 삶은 팥에 물을 부어 체에 걸러주기를 3번 정도 반복해 팥물을 뽑아낸다.
4 냄비에 3의 팥물을 부어 팔팔 끓이다가 찹쌀가루를 넣고 저어준다.
5 설탕을 넣어 한 번 저어준 후 새알을 넣고 팔팔 끓여준다.
6 마지막에 소금으로 간하여 완성한다.

차와 찻잔

차茶를 제대로 하는 사람들은 차를 우려낸다고 하지요.
몇 번 배울 기회가 있었지만 배우지는 않았답니다. 왠지 예를 갖춰야 한다는 생각에
조금 부담도 되고 어려울까 싶기도 해서였던 것 같아요. 그 대신 찻잔에 관심을 갖게 되었어요.
지금 갖고 있는 찻잔 중에는 나이가 스무 살, 스물다섯 살 넘는 것들도 꽤 있어요.
하지만 지금은 아주 가볍게 편하게 다룰 수 있는 것만 찾아서 즐깁니다.
녹차를 좋아하는 남편을 위한 잔, 커피를 좋아하는 나를 위한 잔, 아이들을 위한 잔,
손님들을 위한 건강음료 찻잔.
때로는 다양하게 갖춰놓는 재미도 있고 때로는 인테리어 소품 역할도 해준답니다.
차를 대접하는 상에는 아주 작은 찻잔과 큰 찻잔을 섞어가면서 쓰고 있지요.
손님이 찻잔보다 많으면 굳이 같은 종류보다는 여러 가지 찻잔을 응용해서 놓아봅니다.

천량차

큰 명절이면 엄마는 정석대로 모든 음식을 차려내십니다.

고생하시는 것 같은 모습에 조금 약소하게 하라는 딸의 잔소리에도
명절 음식은 그런 게 아니라며 모든 음식을 직접 만들어내십니다.
그중 손도 많이 가고 엄마가 제일 좋아하시고 공들이시는 메뉴는 바로 나물.
그 덕에 차례 지내고 엄마의 나물 넣은 비빔밥을 빼놓지 않고 만들어 먹곤 합니다.

엄마 손맛 가득한 나물

설에 먹는 나물

설에는 추석에 비해
적은 가짓수의 나물을 먹습니다.
'나물' 하면 기본이 되는
다섯 가지를 먹어요.

나물은 간이 세거나 기름이 많으면
고유의 향과 맛을 잃으니
소박하게, 꼭 필요한 재료만
넣어 요리합니다.

무나물

분량 4인분

재료 무 1/2개
물 100g
진간장 5g
설탕 5g
소금 1g
참기름 5g
통깨 3g

1 무는 채썰기로 썰어둔다.

2 냄비에 채썬 무와 진간장, 소금, 설탕, 물을 넣고 섞어준다.

3 뚜껑을 덮고 6분 정도 삶는다.

4 볼에 옮겨 완전히 식힌 후 참기름과 통깨를 넣고 무쳐준다.

○

콩나물

분량 4인분

재료 콩나물 350g(한 봉지)
물 150g
진간장 5g
소금 1g
참기름 5g
통깨 3g

1 냄비에 콩나물과 물, 진간장, 소금을 넣고 섞어준다.

2 뚜껑을 덮고 8분 정도 삶아준다.

3 볼에 옮겨 완전히 식힌 후 참기름과 통깨를 넣고 무쳐준다.

○

고사리

분량 4인분

재료 말린 고사리 100g
진간장 3g
식용유 5g
참기름 5g
통깨 5g

1 말린 고사리는 물에 15분 정도 삶아 찬물에 헹궈주고 딱딱한 부분을 제거한다.

2 달군 프라이팬에 식용유를 두르고 삶은 고사리를 넣어 가볍게 볶아준다.

3 진간장을 넣어 한 번 더 볶아준다.

4 볼에 옮겨 완전히 식힌 후 참기름과 통깨를 넣고 무쳐준다.

○

시금치

분량 4인분

재료 시금치 1/2단
진간장 5g
국간장 1g
참기름 2.5g
통깨 2.5g

1 시금치는 끓는 물에 소금을 살짝 넣어 데친 후 찬물에 헹궈준다.

2 시금치를 물기 없이 짜준 후 2등분해준다.

3 나머지 재료들을 넣고 조물조물 무쳐준다.

○

톳나물

분량 4인분

재료 톳나물 200g
진간장 4g
국간장 1g
참기름 2.5g
통깨 2.5g

1 톳나물은 끓는 물에 소금을 살짝 넣어 데친 후 찬물에 헹궈준다.

2 톳나물을 물기 없이 짜준 후 한입 크기로 썰어준다.

3 나머지 재료들을 넣고 조물조물 무쳐준다.

추석에 먹는 나물

설 나물에 미나리와 도라지를 더해봅니다.
한가위만 같으라는 말처럼 한 상 푸짐해지지요.
미나리와 도라지는 고유의 향이 독특해요.
그 향 그대로 살려 잘 무치고 볶아내야 합니다.

○

미나리

분량 4인분

재료 미나리 1/2단
진간장 5g
국간장 1g
참기름 2.5g
통깨 2.5g

1 미나리는 끓는 물에 소금을 살짝 넣어 데친 후 찬물에 헹궈준다.

2 미나리를 물기 없이 짜준 후 2등분해준다.

3 나머지 재료들을 넣고 조물조물 무쳐준다.

○

도라지

분량 4인분

재료 도라지 200g
진간장 2.5g
국간장 1g
식용유 5g
참기름 5g
깨소금 5g

1 도라지는 굵은 소금을 뿌려 바락바락 무쳐서 찬물에 헹궈 쓴맛을 제거해준다.

2 달군 프라이팬에 식용유를 두르고 도라지를 넣어 가볍게 볶아준다.

3 진간장과 국간장을 넣어 한 번 더 볶아준다.

4 볼에 옮겨 완전히 식힌 후 참기름과 깨소금을 넣고 무쳐준다.

보름에 먹는 나물

한 해 중 가장 풍성한 종류의
나물을 먹는 날이에요.
가짓수 많은 나물과
바삭하게 구운 김도 꼭 준비합니다.
오곡밥 지어 김에 싸먹으면
고소한 맛이 나지요.

잣, 호두, 땅콩··· 부럼도
꼭 준비해
보름 분위기를 냅니다.

○

취나물

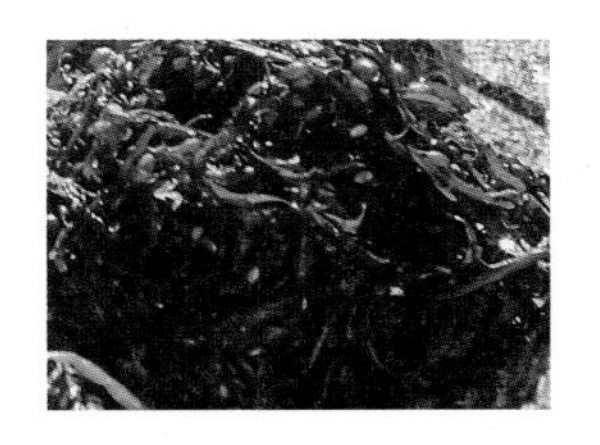

분량 4인분

재료 말린 취나물 300g
들기름 15g
진간장 13g
국간장 1g
통깨 5g

1 말린 취나물은 끓는 물에 데친 후 찬물에 헹구고 물기를 빼서 준비한다.

2 프라이팬에 삶은 취나물을 넣고 그 위에 들기름을 뿌려 가볍게 볶아준다.

3 진간장과 국간장을 넣어 한 번 더 볶다가 마지막에 통깨를 넣어 마무리한다.

○

시래기나물

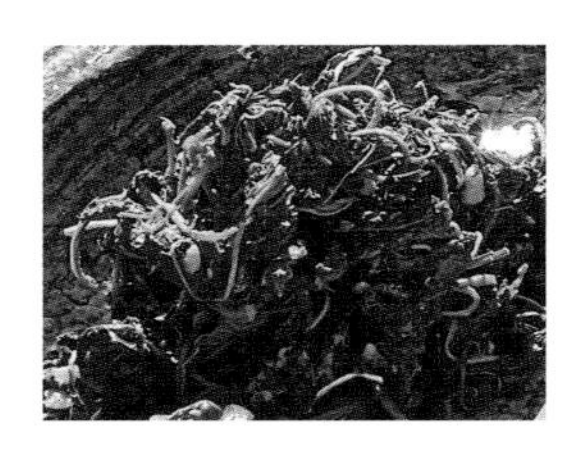

분량 4인분

재료 말린 시래기 250g
들기름 15g
진간장 13g
국간장 1g
통깨 5g

1 말린 시래기는 끓는 물에 데쳐 찬물에 헹궈주고 질긴 부분을 벗겨낸다.

2 프라이팬에 시래기 나물을 넣고 그 위에 들기름을 뿌려 가볍게 볶아준다.

3 진간장과 국간장을 넣어 한 번 더 볶다가 마지막에 깨소금을 넣어 마무리한다.

○

배추나물

분량 4인분

재료 속배추 1통
국간장 5g
진간장 2g
참기름 5g
깨소금 5g

1 속배추는 물에 소금을 살짝 넣어 데친 후 찬물에 헹궈 물기를 제거해준다.

2 데친 배추를 먹기 좋게 잘라준다.

3 볼에 모든 재료를 담고 조물조물 무쳐준다.

가지나물

분량 4인분

재료
- 가지 2개
- 집간장 2.5g
- 국간장 1g
- 다진 마늘 2g
- 잔파 2대
- 참기름 2.5g
- 통깨 2.5g

1 가지는 길게 2등분한 후 찜기에 5분 정도 쪄준다.

2 잔파는 송송 썰어둔다.

3 잘 쪄진 가지를 먹기 좋게 찢어서 준비한다.

4 볼에 가지와 나머지 재료들을 넣고 조물조물 무쳐준다.

에필로그

우리 엄마의 맛을 우리 딸에게

나는 두 아이의 엄마입니다.
나는 두 아이의 엄마이기도 하지만
내 마음속엔 언제나 엄마에 대한 그리움으로 가득합니다.
엄마가 살아 계시면 엄마를 졸라대고 싶어요.

엄마, 오늘은 된장찌개가 먹고 싶어.
지난번에 만든 장아찌가 너무 맛있더라.

엄마에 대한 그리움이 밀려올 때
그때마다 엄마가 해준 맛있는 음식들이 떠오릅니다.
음식을 만드시며 내게 해주시던 말들이 생각납니다.

엄마가 나물을 무칠 때는 조물조물 무치라고 하셨지.
손에 힘을 빼고 조물조물.
생선 손질할 때는 늘 등 비늘부터 제거해야지.
전을 부칠 때는 모양 흐트러지지 않게.

음식을 만들 때면 나도 모르게 엄마가 해주신 말에 따라
내 손이 움직이는 것을 느낍니다.
그리고 엄마에 대한 그리움이 언제부터인가
우리 아이들에게 고스란히 향하기 시작했습니다.
우리 아이들에게도 엄마가 해주셨던
맛있는 음식을 해줘야겠다고 생각했지요.

엄마, 이건 어떻게 만드는 거야?
국이 싱거울 때는 어떤 간장을 넣는 거야?
색이 엄마 거랑 조금 다른 것 같아. 고춧가루 더 넣을까?

특히 우리 딸 송희.
어린 아이가 간을 보고 음식 색깔을 물어보는 건 쉬운 게 아닐 텐데
그렇게 옆에 서서 따라하며 물어보곤 했습니다.

내 아이는 나와 함께 음식을 거들고
난 엄마를 향한 그리움으로 음식을 만들며
또 맛있게 먹는 가족들 얼굴을 보며 행복한 나로 변해갔습니다.
나중에 내 아이들도 음식을 통해 나를 그리워하지 않을까 생각합니다.
외손녀가 태어났으면 싶습니다.
내 딸이 그랬듯, 외손녀가 내 딸에게서 나를 느낄 것을 압니다.

내가 그랬고 내 딸이 그랬듯
엄마의 맛을 그리워하는 모든 이들에게
이 책이 작은 도움이 되길 바랍니다.

엄마 임춘분

엄마의 부엌

2017년 1월 17일 초판 1쇄 발행
2019년 2월 20일 초판 2쇄 발행

지은이 | 임춘분·이송희
펴낸이 | 이동은

편집 | 박현주

펴낸곳 | 버튼북스
출판등록 | 2015년 5월 28일(제2015-000040호)

주소 | 서울시 서초구 방배중앙로25길 37
전화 | 02-6052-2144
팩스 | 02-6082-2144

ISBN 979-11-87320-03-6 13590